Autor und Gestaltung: Andreas Pospisil

Verlag: Buchschmiede von Dataform Media GmbH, Wien
ISBN: 978-3-99084-635-3
Printed in Austria

Titelfoto: Silbergrüner-Bläuling

Inhaltsverzeichnis

Vorwort

Seit 15 Jahren beschäftige ich mich, autodidaktisch, mit Tagfaltern in Österreich. Ich begann bei Null und versuchte mein Wissen zuerst mit Fachbüchern aufzubauen, was nicht leicht war. Ein für Laien leicht verständliches Bestimmungsbuch gab es nicht. Auch befassten sich diese Bücher mit der Schmetterlingsfauna in der Schweiz oder in Deutschland. Bis heute gibt es kein Bestimmungsbuch für die Tagfalter Österreichs. Mit meiner Homepage www.schmetterlinge.at habe ich die Grundlage geschaffen, es jetzt mit diesem Buch zu versuchen. Ich bestimme die Falter in der Natur, und vor allem durch die Hilfe meiner Fotos. Dabei gibt es aber Grenzen. Auch bei den Tagfaltern gibt es einige Arten, bei denen für eine sichere Bestimmung der Falter gefangen und präpariert werden muss. In Österreich sind, nach Stand[1] vom Jahr 2013, 209 Arten von Tagfalter nachgewiesen. Diese Nachweise beziehen sich zum Teil nur auf einzelne oder wenige Funde in den letzten Jahren. In den letzten 15 Jahren habe ich 170 Arten gefunden und bestimmt, dabei waren es manchmal auch nur wenige Falter einer Art. Die 98 Arten, die ich in diesem Buch beschreibe, habe ich nach Häufigkeit des Vorkommens und nach der Bestimmbarkeit mit Fotos ausgewählt. Weiters sind alle ausgewählten Arten in den meisten Bundesländern vertreten, daher habe ich auf diese Angaben, aus Platzgründen verzichtet. Meiner Erfahrung nach ist damit ein guter Kompromiss zwischen Übersicht und Bestimmungserfolg gegeben. Die fehlenden Arten sind jederzeit auf der Homepage zu finden.

Andreas Pospisil

1 Quelle: STUDIOHEFTE 12 DIE SCHMETTERLINGE ÖSTERREICHS Peter Huemer

Hinweis zum Gebrauch des Handbuches

Allgemein

Alle Fotos in diesem Buch sind in freier Natur entstanden. Ich habe versucht, bei der Auswahl der Fotos, arttypische Falter zu nehmen. Doch fast alle Arten sind ein wenig variabel. Für eine größere Auswahl an Fotos ist der Link mit dem QR-Code eingefügt, der direkt zu den Artenfotos auf der Homepage führt! Weiters ist ganz wichtig, dass die abgebildeten Falter in einem sehr guten Erhaltungszustand sind. Je nach Wetter und Flugzeit verlieren die Falter ihre Farbe. Eine Bestimmung von abgeflogenen Faltern ist viel schwieriger oder oft nicht möglich weil die wichtigsten Merkmale nicht mehr zu erkennen sind.

Flugzeit

Ich habe einen Balken mit den Anfangsbuchstaben der Monate bei jedem Artenporträt eingefügt. Die grün gefärbten Kästchen entsprechen der jeweiligen Flugzeit. Ich habe versucht die Flugzeit einzugrenzen, soweit eine Einteilung in Monate möglich ist, weil die Flugzeit auch für die Bestimmung sehr hilfreich ist. Dadurch kann es auch vorkommen, dass Sie einen Falter einmal außerhalb der angegebenen Flugzeit beobachten.

J	F	M	A	M	J	J	A	S	O	N	D

Homepage und QR-Code

Eine Idee dieses Bestimmungsbuches war auch die vielen Fotos meiner Homepage zu integrieren. Dafür ist bei jedem Artenportät ein QR-Code eingefügt. Mit diesem Link kommen Sie direkt zu allen Fotos dieser Art. Auf meiner Homepage **www.schmetterlinge.at** finden Sie unter Schmetterlinge und Artenlisten alle von mir dokumentierten Arten der jeweiligen Familien (z.B.Ritterfalter). Bei der Beschreibung der Familien auf der nächsten Doppelseite sind auch die Angaben über die Artenzahlen die im Buch vorgestellt werden und wie viele noch auf der Homepage zu finden sind.

Größenangabe

Die Größe eines Falters wird über die Breite mit voll geöffneten Flügeln gemessen. Nur in der Natur sehe ich den Falter so kaum. Auch mit der Angabe von Zentimetern habe ich bei der Entfernung zu dem Falter nie viel anfangen können. Auch zu beachten ist, dass die Falter einer Art, je nach Witterung und Futterangebot für die Raupe, in der Größe variieren. Deshalb habe ich die Größe der Arten in nur drei Kategorien eingeteilt. Als Maßstab habe ich auf dieser Seite einen Falter der jeweiligen Größe, auf meiner Hand sitzend, den Symbolen zugeordnet.

Häufigkeit

Diese Angabe soll darstellen, wie weit verbreitet und häufig die jeweilige Art ist. Ich habe dabei auch beachtet wie oft ich diese Art in den letzten 15 Jahren beobachtet habe. Dargestellt habe ich das mit Symbolen. Wenn alle Falter eingefärbt sind bedeutet das „häufig“ bis zu einem Falter eingefärbt „selten“.

Ritterfalter

Diese Arten gehören zu den größten und schönsten unter den Tagfaltern. In dieser Familie sind 6 Arten in Österreich und auf meiner Homepage nachgewiesen. 5 Arten sind in diesem Buch beschrieben. Die Falter sind meistens nur einzeln oder in geringer Anzahl am selben Ort zu beobachten. Der Apollofalter und der Osterluzeifalter zählen zu den europaweit geschützten Arten.

Weißlinge und Gelblinge

In dieser Familie sind 21 Arten in Österreich nachgewiesen. Davon sind 16 Arten auf meiner Homepage und 11 in diesem Buch beschrieben. Die Arten mit überwiegend weißen Flügeln sind nicht immer leicht zu unterscheiden. Vor allem die Flügelunterseite ist wichtig. Auch mit dem Lebensraum des Fundortes lässt sich eine Vorauswahl treffen.

Edelfalter

In dieser Familie sind 51 Arten in Österreich nachgewiesen. Davon sind 47 Arten auf meiner Homepage und 30 in diesem Buch beschrieben. In dieser Familie sind die bekanntesten Arten wie das Tagpfauenauge und der Admiral. Aber auch die waldbewohnenden Schillerfalter und Eisvögel. Die Perlmutter- und Scheckenfalter in der zweiten Übersicht haben fast alle eine orange Flügeloberseite mit dunkler Zeichnung. Die sichere Bestimmung ist nur mit der Flügelunterseite möglich.

Augenfalter

In dieser Familie sind 52 Arten in Österreich nachgewiesen. Davon sind 42 Arten auf meiner Homepage und 16 in diesem Buch beschrieben. Die häufigsten Arten sind die Wiesenvögelchen, kleine unauffällige Falter und das Große Ochsenauge. Die auch als Mohrenfalter bezeichnete Gruppe, mit der braunen Grundfarbe der Flügel, ist die am schwierigsten zu bestimmende Gruppe. Deshalb habe ich auch nur die 4 häufigsten Arten in diesem Buch angeführt.

Zipfelfalter

Die Zipfelfalter gehören zu der Familie der Bläulinge. Von den Zipfelfaltern sind 8 Arten in Österreich nachgewiesen und auch auf meiner Homepage. 6 davon sind in diesem Buch beschrieben. Die Raupen dieser Arten leben fast nur auf Sträuchern und Bäumen wo die Falter dann auf nahen Wiesenflächen zu beobachten sind.

Feuerfalter

Die Feuerfalter gehören auch zu der Familie der Bläulinge. Von den Feuerfaltern sind 8 Arten in Österreich nachgewiesen. 7 davon sind auf meiner Homepage und 6 Arten in diesem Buch beschrieben. Diese auffällig gefärbten Falter sind nicht zu übersehen und auch mit einiger Erfahrung zu bestimmen.

Bläulinge

Von der gesamte Familie der Bläulinge sind 54 Arten in Österreich nachgewiesen. Abzüglich der Zipfel- und Feuerfalter bleiben noch 40 Arten. Davon sind 30 Arten auf meiner Homepage und 16 in diesem Buch beschrieben. Die Männchen sind leichter zu beobachten, einerseits durch Ihre blaue Flügeloberseite und auch durch Ihr Revierverhalten. Fast alle weiblichen Falter haben eine braune Flügeloberseite. Die Flügelunterseite ist für die Bestimmung unbedingt erforderlich. Für die Übersicht der Bläulinge habe ich zwei Doppelseiten angelegt. Zuerst die Unterseiten und dann von den gleichen Arten die Oberseiten, beides von männlichen Faltern.

Sonstige Arten

In dieser Übersicht sind die zu den Tagfaltern gehörende Familie der Dickkopffalter zu finden. 24 Arten sind in Österreich nachgewiesen. Davon sind 14 Arten auf meiner Homepage und 7 in diesem Buch beschrieben. Der letzte Tagfaltern in diesem Buch ist der Schlüsselblumen Würfelfalter. Noch 6 Arten habe ich in das Buch aufgenommen. Diese Arten gehören alle zu den **tagaktiven Nachtfaltern**, wie die Familie der Widderchen.

Übersicht Ritterfalter
Seite 12

Übersicht Weißlinge und
Gelblinge Seite 18-19

Übersicht Edelfalter 1
Seite 32-33

Übersicht Edelfalter 1
Seite 32-33

Übersicht Edelfalter 2
Seite 48-49

Übersicht Augenfalter
Seite 66-67

Übersicht Augenfalter
Seite 66-67

Übersicht Zipfelfalter
Seite 84

Übersicht Feuerfalter
Seite 85

Übersicht Bläulinge
Seite 98-101

Übersicht Dickkopffalter
Seite 118

Übersicht sonstige Falter
Seite 119

Übersicht Ritterfalter

Apollofalter (Parnassius apollo)

er Apollofalter ist hauptsächlich auf steinigen, warmen erghängen und Wiesen zu beobachten. Der Hochal-n-Apollofalter, der in höheren Lagen zu finden ist, hat ringelte Fühler (verlässliches Unterscheidungsmerk-al) und rote Flecken am Rand der Vorderflügel. upenfutterpflanze: Sedum album (Weiße Fetthenne)

	F	M	A	M	J	J	A	S	O	N	D

Schwarzer Apollo (Parnassius mnemosyne)

Dieser schöne Falter ist auf geschützten, wärmebegünstigten Waldwiesen und Naturräumen, vom Flachland bis in die Voralpen zu finden. Meistens sind nur wenige Falter an einem Flugplatz zu beobachten. Je nach Höhenlage verändert sich die Flugzeit. Die ersten Falter fliegen schon Anfang Mai.

J	F	M	A	M	J	J	A	S	O	N	D

Osterluzeifalter (Zerynthia polyxena)

Am Foto unten ist eine ausgewachsene Raupe auf der Osterluzeipflanze zu sehen.

›r Falter fliegt entlang von Flüssen, auf Dämmen und Augebieten. Auch auf naturnah bewirtschafteten ›einbauflächen und Brachen mit dem Vorkommen der ›terluzeipflanze ist der Falter zu finden. Der Osterlu-›ifalter lebt oft in sehr kleinen Populationen auf nur ›ine Flächen beschränkt.

M

	F	M	A	M	J	J	A	S	O	N	D

Schwalbenschwanz (Papilio machaon)

G

Der Schwalbenschwanz ist in wärmebegünstigten Naturräumen schon zeitig im Frühjahr zu sehen.
Die männlichen Falter sind auch beim sogenannten „hilltopping“ an erhöhten Geländestellen oder Bergkuppen, welche als Revierplatz dienen, im Wettstreit mit anderen Faltern zu finden. Im Frühjahr konnte ich oft auf geeigneten Wiesenflächen Weibchen bei der Eiablage beobachten. Raupenfotos auf Seite 138.

J	F	M	A	M	J	J	A	S	O	N	D
			■	■	■	■	■	■	■		

Segelfalter (Iphiclides podalirius)

Am Foto links unten ist die gut getarnte Raupe auf einer Schlehe zu sehen.

ɛr Segelfalter ist eine Charakterart warmer, trockener
bensräume. Bevorzugt lebt der Falter auf verbuschten
agerrasen, ist aber bei der Nektarsuche auch in Gärten
sehen. Typisch ist der namensgebende, segelnde Flug.
e Raupe lebt oft auf Schlehen (Prunus Spinosa) aber
ch auf Steinobstgehölzen.

G

F	M	A	M	J	J	A	S	O	N	D

Übersicht Weißlinge und Gelblinge

Seite 20

Seite 20

Seite 21

Seite 22

Seite 23

Seite 24

Seite 25

Seite 25

Seite 26

Seite 26

Seite 27

Seite 28

Seite 29

Seite 29

Seite 30

Seite 30

Tintenfleck-Weißling (Leptidea sinapis)

Dieser kleine Weißling Falter fliegt meist auf Wiesen in Waldnähe. Der namensgebende, dunkle Fleck am Rand der Vorderflügel ist nicht immer zu sehen und ich habe sogar einen ganz weißen Falter gefunden. Als einer der ersten Falter im Frühjahr ist der Tintenfleck-Weißling noch leicht zu beobachten.

K

J	F	M	A	M	J	J	A	S	O	N	D
		■	■	■	■	■	■	■			

Wander-Gelbling (Colias crocea)

Am Foto links ist die fast nicht durchbrochene Randbinde dieser Art zu erkennen. Siehe auch das Foto in der Übersicht (Flugaufnahme eines Männchens).

ɛeser Wanderfalter fliegt im Frühling aus dem Mittel-
eergebiet ein und vermehrt sich bei uns in bis zu vier
ɛnerationen bis zum Herbst, wo dann die größte Flug-
chte erreicht wird. Diese orangen bis dottergelb gefärb-
n Falter sind auch im Flug gut zu erkennen. Der Falter
ıt den offenen Flügeln ist ein Weibchen mit der stärker
ırchbrochenen Randbinde. Die Falter der Familie der
ɛlblinge sitzen immer mit geschlossenen Flügeln.

M

	F	M	A	M	J	J	A	S	O	N	D

Hufeisenklee-Gelbling (Colias alfacariensis)

Am Foto links, im Gegenlicht, ist die durchbrochene dunkle Randbinde dieser Art gut zu erkennen. Zusammen mit der weißlichgelben Farbe ein Erkennungsmerkmal.

M

Der Hufeisenklee-Gelbling ist nur auf wärmebegünstigten Wiesenflächen mit Beständen der Buntkronwicke (Securigera varia) zu beobachten. Diese Pflanze ist auch die wichtigste Raupennahrung.
Der sehr ähnliche **Weißklee-Gelbling** ist nur durch die Raupe sicher vom Hufeisenklee-Gelbling zu unterscheiden. Deshalb ist diese Art nicht in diesem Buch vertreten.

J	F	M	A	M	J	J	A	S	O	N	D

Zitronenfalter (Gonepteryx rhamni)

Am Foto links ist ein weiblicher Zitronenfalter. Die Weibchen sind grünlich bis weißlich gefärbt.

Foto rechts ein männlicher Zitronenfalter mit der namensgebenden schönen gelben Farbe.

er Zitronenfalter kann aufgrund seines Wanderverhalns fast überall beobachtet werden. Er lebt in einer Geration und überwintert als Falter! Die überwinternden lter können manchmal auch an warmen Wintertagen obachtet werden.

F	M	A	M	J	J	A	S	O	N	D

Baum-Weißling (Aporia crataegi)

Leider ist dieser, früher weit verbreitete Falter, nur mehr an wenigen Flugstellen zu finden. Ich konnte den Falter in den Voralpen der Steiermark und Kärntens noch beobachten. Mit seiner Zeichnung ist er nicht zu verwechseln.

J	F	M	A	M	J	J	A	S	O	N	D

Großer Kohl-Weißling (Pieris brassicae)

ɪr Große Kohlweißling kann auf blütenreichen Wiesen ler auch in Gärten beobachtet werden. Der schwarze .nd auf der Oberseite der Vorderflügel ist größer und ıger als beim Kleinen Kohl-Weißling. Die Weibchen ben zusätzlich noch zwei schwarze Flecken im Vorder-gel (Foto oben und rechts). Ein Raupenfoto ist in der ɔersicht auf Seite 18.

F	M	A	M	J	J	A	S	O	N	D

Kleiner Kohl-Weißling (Pieris rapae)

Einer der häufigsten Tagfalter. Die Eiablage erfolgt im Gegensatz zum Großen Kohl-Weißling, einzeln an verschiedenen Kreuzblütlern. Am oberen Foto ein Weibchen, erkennbar an den zwei schwarzen Punkten.
Die vielen Weißlinge auf dem rechten Foto sind Männchen, mit nur einem schwarzen Punkt. Ein Raupenfoto sit auch Seite 138.

M

J	F	M	A	M	J	J	A	S	O	N	D

Grünader-Weißling (Pieris napi)

›r noch häufige Weißling fliegt schon ab März. Für die ›stimmung sind die grau geränderten Adern auf der ›igelunterseite maßgebend. Wie beim Kleinen Kohl- ›eißling haben die Männchen einen und die Weibchen ›ei schwarze Punkte auf der Flügeloberseite.

	F	M	A	M	J	J	A	S	O	N	D
		■	■	■	■	■	■	■	■		

Berg-Weißling (Pieris bryoniae)

Wie der Name schon sagt, ist der Berg-Weißling hauptsächlich in den Voralpen zu beobachten. Die Flügeloberseite ist bei den Weibchen dunkel bestäubt, die der Männchen nur leicht auf den Adern. Die Unterseite ist ähnlich dem Grünader-Weißling.
Auf dem Balzfoto ist die viel hellere Färbung des Männchens gut zu erkennen.

J	F	M	A	M	J	J	A	S	O	N	D

Reseda-Weißling (Pontia edusa)

eser wärmeliebende Falter kann auf blütenreichen iesen oder Ruderalflächen (Gstätten) beobachtet wer-n. Ich habe den Reseda-Weißling auch öfter am Rand n Wegen in Weingärten gesehen.

e Männchen (Foto links unten) sind auf der Flügelober-ite nicht so dunkel gefärbt wie das Weibchen am Foto en.

	F	M	A	M	J	J	A	S	O	N	D
			■	■	■	■	■	■	■		

Aurorafalter (Anthocharis cardamines)

Einer der ersten Falter im Jahr, welcher auf Waldrändern und Waldwegen zu finden ist. Futterpflanzen der Raupen sind hauptsächlich die Knoblauchranke und das Wiesenschaumkraut. Die Männchen mit Ihren orangen Flügelspitzen fallen viel mehr auf als die Weibchen (Foto unten).

M

J	F	M	A	M	J	J	A	S	O	N	D

Zitronenfalter

Übersicht Edelfalter 1

Seite 34

Seite 35

Seite 36

Seite 37

Seite 38

Seite 39

Seite 40

Seite 41

Seite 42

Seite 43

Seite 44

Seite 45

Seite 45

Seite 47

Seite 46

Seite 46

Großer Schillerfalter (Apatura iris)

Die Zacke an der weißen Binde des Hinterflügels (Auf der Flügel Ober- und Unterseite sichtbar) ist ein eindeutiges Erkennungsmerkmal.

Die Männchen des Großen Schillerfalters sind auf Waldwegen und Lichtungen, in luftfeuchten Bereichen von Wäldern und entlang von Bachläufen zu beobachten. Dort leben auch die Raupen auf schattig stehenden Salweidenbüschen (Salix caprea).
Die Falter saugen gerne auf feuchten Wegen oder Kot.
Nur bei den Männchen ist, beim passenden Lichteinfallswinkel, das namensgebende blaue Schillern zu sehen.

J	F	M	A	M	J	J	A	S	O	N	D

Kleiner Schillerfalter (Apatura ilia)

Am linken Foto ist ein Männchen des Kleinen Schillerfalters mit der typischen Färbung dieser Art abgebildet.
Am Foto darunter die „Rotschillerform".

:r Kleine Schillerfalter ist wärmeliebender als der oße Schillerfalter. Ich konnte den Falter auf sonnigen aldwegen, entlang von Bachtälern und in den Donau-en beobachten. Auch in Gärten kann der Falter be-achtet werden. Wie der Große Schillerfalter besucht :se Art keine Blüten sondern nimmt die Nährstoffe von ichten Bodenstellen oder Aas auf. Dieser Schmetter-g kommt auch in der leicht veränderten „Rotschiller-rm" bei uns vor.

	F	M	A	M	J	J	A	S	O	N	D

Kleiner Eisvogel (Limenitis camilla)

Die Lebensräume des Kleinen Eisvogels sind Auwälder und lichte Wälder entlang von Bachläufen mit dem Vorkommen der Heckenkirsche (Lonicera) auf der sich die Raupen entwickeln. Die Falter sind sehr scheu, und oft erst zu sehen wenn Sie auffliegen um sich dann in den Baumkronen niederlassen.

J	F	M	A	M	J	J	A	S	O	N	D

Schwarzer Trauerfalter (Neptis rivularis)

:r Schwarze Trauerfalter ist ein Kulturfolger, der gerne Gärten und Parkanlagen vorkommt. Ich konnte den lter auch in lichten Wäldern finden. Typisch für diese t ist der Gleitflug entlang von Sträuchern. Der Falter selten beim Blütenbesuch zu beobachten. Die Flügel- erseite ist dem Kleinen Eisvogel ähnlich, die Flügel- rm unterscheidet sich jedoch (siehe Fotos). Der Le- nsraum beider Arten überschneidet sich selten.

F	M	A	M	J	J	A	S	O	N	D

Schwarzbrauner Trauerfalter (Neptis sappho)

Der Schwarzbraune Trauerfalter ist selten, hat sich aber in den letzten Jahren ausgebreitet. Der Falter besiedelt innere Lichtungen und Wege in warmen, luftfeuchten Mischwäldern. Er kann leicht mit dem häufigeren Schwarzen Trauerfalter verwechselt werden. Das wichtigste Unterscheidungsmerkmal ist die größere Anzahl an weißen Binden auf den Flügeln.

M

J	F	M	A	M	J	J	A	S	O	N	D

Großer Fuchs (Nymphalis polychloros)

ɛr Große Fuchs lebt in Auwäldern und entlang von Bä-
ɛen dort sitzt er gerne auf Wegen oder auf Baumstäm-
ɛn. Der Falter überwintert und ist schon im Frühjahr
i der Nektaraufnahme, gerne auf blühenden Weiden,
beobachten.

n oberen Foto, vom 10. März, ist ein Falter nach dem
berwintern, mit verblassten Farben zu sehen. Die fri-
nen Falter fliegen dann im Sommer.

	F	M	A	M	J	J	A	S	O	N	D

Trauermantel (Nymphalis antiopa)

Den Trauermantel konnte ich in lichten Auwäldern und Bachtälern, sowie auf Waldlichtungen der Voralpen beobachten. Es ist einer der größten Tagfalter mit einem anmutigen segelnden Flug. Die Falter überwintern und sind schon an den ersten warmen Frühlingstagen zu beobachten. Die frischen Falter fliegen dann im Sommer.

G

J	F	M	A	M	J	J	A	S	O	N	D

Tagpfauenauge (Inachis io)

s Tagpfauenauge ist der bekannteste Tagfalter und siedelt verschiedene Lebensräume. Die überwintern- n Falter sind im Frühjahr oft auf blühenden Weiden zu obachten. Über das Jahr entwickeln sich zwei über- nneidende Generationen. Die Raupen leben auf Brenn- sseln in luftfeuchter sonniger Lage. Mehr übder die upen auf Seite 136.

F	M	A	M	J	J	A	S	O	N	D

Admiral (Vanessa atalanta)

Der Admiral lebt in den milden Gebieten Mitteleuropas das ganze Jahr über und ist eigentlich ein Wanderfalter. Bedingt durch die Klimaveränderung können die Falter jetzt auch bei uns überwintern und sind dann schon im Frühling zu sehen. Der Admiral lebt in bis zu 4 Generationen bei uns und ist im Herbst oft beim Saugen an Fallobst zu beobachten. Die Raupen leben auf der Brennnessel, Fotos dazu auf Seite 138.

G

J	F	M	A	M	J	J	A	S	O	N	D

Distelfalter (Vanessa cardui)

:r Distelfalter ist ein Wanderfalter, welcher von Mai
; Juni vom Süden einfliegt und sich dann bei uns fort-
'anzt. Er nützt die verschiedensten Raupennahrungs-
'anzen, wie z.B. Distelarten. Der Distelfalter kommt
ch gerne zur Nektaraufnahme auf den Sommerflieder.

G

F	M	A	M	J	J	A	S	O	N	D
			■	■	■	■	■			

Kleiner Fuchs (Aglais urticae)

Der Kleine Fuchs ist ein starker Flieger und auch häufiger Blütenbesucher. Viele Falter konnte ich immer entlang beweideter Wiesenflächen in den Voralpen beobachten. Die Raupen entwickeln sich auf sonnig und trocken stehenden Brennnesselbeständen. Der Falter überwintert und lebt in bis zu drei Generationen im Jahr. Raupenfotos auf Seite 136.

J	F	M	A	M	J	J	A	S	O	N	D

Landkärtchen (Araschia levana)

Die Fotos am linken Rand dieser Seite sind von der Sommergeneration.

ı kleiner Falter mit der Besonderheit, dass die Som-
ergenerationen eine andere Flügelzeichnung haben.
ɪr Falter am **rechten Foto ist von der Frühlingsge-**
ration. Diese Falter fliegen schon im April sind aber
ltener zu beobachten wie die im Sommer fliegenden
ınerationen. Der bevorzugte Lebensraum ist entlang
n Waldwegen in luftfeuchten Bereichen, wo auch die
upenfutterpflanze, die Brennnessel, zu finden ist. Rau-
nfotos auf Seite 136.

F	M	A	M	J	J	A	S	O	N	D

Kaisermantel (Argynnis paphia)

Links ein männlicher Falter. Die Duftschuppen, das Unterscheidungsmerkmal zum Weibchen, sind gut zu erkennen.
Am Foto unten ein Weibchen in der Form valisia. Diese Färbung kommt regelmäßig aber nur bei einzelnen Faltern vor.

Der Kaisermantel besiedelt sonnige Bereiche und Wege in Waldnähe. Die großen Falter sind eifrige Blütenbesucher und können oft in Gärten beobachtet werden. Obwohl die Raupennahrungspflanze, verschiedene Veilchenarten, am Boden wächst, erfolgt die Eiablage in der Rinde benachbarter Bäume!

G

J	F	M	A	M	J	J	A	S	O	N	D

C-Falter (Polygonia c-album)

Am Foto unten ist auf der Flügelunterseite, das namensgebende, weiße Zeichen zu sehen.

ɪr C-Falter ist in vielen verschiedenen Lebensräumen beobachten. Die Männchen haben auf sonnigen aldwegen gerne Ihren Revierplatz und saugen dort auf ıchten Erdstellen.

e Falter überwintern und leben in zwei Generationen. e überwinternden Falter sind schon im Frühjahr, z.B. ı Seidelbast, bei der Nektaraufnahme zu beobachten.

F	M	A	M	J	J	A	S	O	N	D

Übersicht Edelfalter 2

Seite 58

Seite 59

Seite 60

Seite 61

Seite 62

Seite 63

Seite 64

Seite 65

Großer Perlmutterfalter (Argynnis aglaja)

Links ein männlicher Falter. Die Duftschuppen, die Ihn vom Weibchen unterscheiden, sind gut zu erkennen.

Der Große Perlmutterfalter fliegt in unterschiedlichen Lebensräumen. Ich konnte den Falter öfter auf Wiesen in Waldnähe oder entlang von Bachtälern und auf Almwiesen beobachten. Die Hinterflügelunterseite mit den „Perlmutterflecken“, ist manchmal leicht grünlich. Die Weibchen (Foto links unten) sind wie bei vielen Perlmutterarten, auf der Flügeloberseite dünkler gefärbt.

J	F	M	A	M	J	J	A	S	O	N	D
					■	■	■	■			

Feuriger Perlmutterfalter (Argynnis adippe)

s Lebensraum bevorzugt der Feurige Perlmutterfalter rme, sonnige Waldsäume und Wiesen. Auf sonnigen, befestigten Wegen ist der Falter auch beim Saugen auf uchten Bodenstellen zu beobachten. Von den anderen oßen Perlmutterfaltern ist er durch die rot umrandeten ecken auf der Hinterflügelunterseite zu unterscheiden.

F	M	A	M	J	J	A	S	O	N	D

Mittlerer Perlmutterfalter (Argynnis niobe)

Der Mittlere Perlmutterfalter fliegt auf sonnigen, blütenreichen Almwiesen und Weiden in den Voralpen bis ins mittlere Gebirge. Die Weibchen dieser Art sind viel dünkler als die Männchen. Sicher zu bestimmen ist diese Art mit der Hinterflügelunterseite, wo die „Perlmutterflecken“ gelblich und kaum auffallend gefärbt sind.

G

J	F	M	A	M	J	J	A	S	O	N	D

Kleiner Perlmutterfalter (Issoria lathonia)

e wichtigsten Lebensräume des Kleinen Perlmutter-
ters sind sonnige Rasenflächen, Ackerbrachen und
schungen. Aber auch auf warmen Bergwiesen ist er zu
obachten. Diese Art hat die größten und auffälligsten
rmutterflecken und ist nicht zu verwechseln.

F	M	A	M	J	J	A	S	O	N	D

Mädesüß-Perlmutterfalter (Brenthis ino)

Links unten ein weiblicher Falter und rechts daneben ein Männchen. Die Weibchen sind auf der Flügeloberseite immer dünkler gefärbt.

Die Lebensräume des Mädesüß-Perlmutterfalters sind feuchte Hochstaudenflure entlang von Bächen und Gräben oder feuchte Wiesen und Ränder von Mooren. Der Falter ist an der leicht violetten Färbung der hinteren Punkte auf der Flügelunterseite zu erkennen. Beim ähnlichen Brombeerperlmutterfalter sind diese Flügelstellen kräftig violett gefärbt.

J	F	M	A	M	J	J	A	S	O	N	D

Hochalpen-Perlmutterfalter (Boloria pales)

ese alpine Art besiedelt Wiesenflächen, Lichtungen d die Randbereiche von Weideflächen in den Alpen eist über 1500 m. Es ist ein eher kleinerer Perlmutter- ter der in seinem Gebiet, nur mit dem viel seltener rkommenden „Ähnlichen Perlmutterfalter“, verwech- t werden kann. Die Unterscheidung auf Fotos ist aber hwierig daher ist diese Art nicht im Buch.

	F	M	A	M	J	J	A	S	O	N	D

Braunfleckiger-Perlmutterfalter (Boloria selene

Der Pfeil am linken Foto zeigt die namensgebenden dunklen Flecken.

Den Braunfleckigen-Perlmutterfalter konnte ich auf Wiesenflächen in Bachtälern und auf Feuchtwiesen beobachten. Auch in den Bergen, bis ca. 2000 m, lebt dieser Falter. Die Unterscheidung vom Silberfleck-Perlmutterfalter, ist vor allem bei älteren Faltern, nicht immer einfach. Hilfreich bei der Bestimmung ist, dass der Braunfleckige-Perlmutterfalter, im Flachland, erst spät (ab Ende Mai) zu sehen ist.

J	F	M	A	M	J	J	A	S	O	N	D

Silberfleck-Perlmutterfalter (Boloria euphrosyne)

e Lebensräume des Silberfleck-Perlmutterfalters sind aldwege und frische Waldschläge. Auch auf Wiesen am aldrand konnte ich den Falter beobachten. Die Raupen ›en auf vegetationsarmen Stellen an Veilchen. Je nach andort, Flachland oder Voralpen, fliegen ein- oder ei Generationen. Am öftesten wird diese Art mit dem agerrasen-Perlmutterfalter verwechselt. Der wichtigste terschied ist, dass die Perlmutterflecken beim Silber-ck-Perlmutterfalter heller, silbriger sind.

F	M	A	M	J	J	A	S	O	N	D

Natterwurz-Perlmutterfalter (Boloria titania)

Der Natternwurz-Perlmutterfalter lebt in den Voralpen auf feuchten Waldlichtungen, Wiesen und Hochstaudenfluren entlang von Bächen mit Beständen des Wiesenknöterichs, der wichtigsten Raupenfutterpflanze. Die Flügelunterseite ist prächtig gefärbt und mit keinem anderen Perlmutterfalter zu verwechseln.

M

J	F	M	A	M	J	J	A	S	O	N	D

Magerrasen-Perlmutterfalter (Boloria dia)

:r kleinste Perlmutterfalter!
:r Magerrasen-Perlmutterfalter lebt auf blütenreichen, fenen, warmen Wiesenflächen und Böschungen. Er ist :itverbreitet und fliegt als einer der ersten Perlmutter-ter schon im April. Mit seiner geringen Größe ist er :istens leicht bestimmbar. Die „Perlmutterflecken" auf r Flügelunterseite sind milchig weiß bis gelblich.

K

F	M	A	M	J	J	A	S	O	N	D

Wegerich-Scheckenfalter (Melitaea cinxia)

Der Pfeil am linken Foto zeigt die Punktreihe, welche auf der Flügelober- und Unterseite zu sehen ist, und die Bestimmung ermöglicht.

Den Wegerich-Scheckenfalter konnte ich auf wärmebegünstigten, trockenen, lückigen Wiesenflächen und auf offenen Wegrändern entlang von Bachtälern beobachten. Die Raupen fressen auf Wegericharten und Ehrenpreis. Das ist einer der wenigen Scheckenfalter, der schon mit der Zeichnung auf der Flügeloberseite bestimmbar ist. Auf dem oberen Foto ist ein Weibchen und darunter ein Männchen zu sehen.

J	F	M	A	M	J	J	A	S	O	N	D

Flockenblumen-Scheckenfalter (Melitaea phoebe)

ꞏr Lebensraum des Flockenblumen-Scheckenfalters
ꞏd blütenreiche, warme und trockene Wiesen. Die Rau-
ꞏn leben meistens auf der Skabiosen-Flockenblume wo
ch die Falter beim Blütenbesuch zu beobachten sind.
e rote Punktreihe auf der Hinterflügelunterseite ist be-
mmend für diese Art. Der Flockenblumen-Scheckenfal-
r ist einer der prächtigsten Scheckenfalter und einzelne
lter werden auch recht groß!

M

F	M	A	M	J	J	A	S	O	N	D
			■	■	■	■				

Roter Scheckenfalter (Melitaea didyma)

Diese wärmeliebende Art besiedelt offene trockenwarme Lebensräume. Ich konnte die Falter auf Bachrandwiesen, in Weinbaugebieten und in steinigen Bachtälern der Voralpen beobachten. Die Männchen sind auf der Oberseite leuchtend rot, im Gegensatz dazu sind die Weibchen verschieden stark abgedunkelt (beide Fotos rechts). Die rote Färbung und die schwarzen Striche der Flügelunterseite sind variabel und die Bestimmung ohne Flügeloberseite nicht einfach.

M

J	F	M	A	M	J	J	A	S	O	N	D
				■	■	■	■	■			

Baldrian-Scheckenfalter (Melitaea diamina)

ı konnte den Baldrian-Scheckenfalter entlang von
ıchläufen und auf mageren Wiesen und Weiden in den
ıralpen beobachten. Auf den Flugstellen ist der Falter
t häufig. Auch ist er, in größerer Anzahl, auf Forstwe-
n bei der Nährstoffaufnahme zu beobachten. In der
ıtte des rechten Fotos sind 4 männliche Falter dieser
t zu sehen. Oben links ein Weibchen. Die Punktreihe
f der Hinterflügelunterseite und der runde schwarze
ıschluß zum Saum hin sind bestimmend.

	F	M	A	M	J	J	A	S	O	N	D

Wachtelweizen-Scheckenfalter (Melitaea athalia)

Am linken Foto ist ein Weibchen. Die Weibchen dieser Art sind auf der Oberseite, im Gegensatz zu den Männchen, oft recht bunt gefärbt.

Der Wachtelweizen-Scheckenfalter fliegt auf Wiesen und Brachflächen in Waldnähe, auf extensiv genutzten Wiesen und ist noch weit verbreitet. Der Falter fliegt auch auf Weiden im Mittelgebirge. Der Wachtelweizen-Scheckenfalter ist im Aussehen sehr variabel. Ich habe über 200 Fotos und dabei sind große Unterschiede zu sehen. Die Bestimmung ist nur mit Flügelunterseite möglich.

M

J	F	M	A	M	J	J	A	S	O	N	D

Veilchen-Scheckenfalter (Euphydryas cynthia)

ɪn Veilchen-Scheckenfalter konnte ich in den Alpen nur einer Höhe von 1400 m beobachten. Dort fliegt er auf ageren, lückigen Wiesenflächen. Die Männchen sam-eln sich auch auf offenen Bergrücken, wo dann im Flug ı Weibchen gebuhlt wird. Bei dieser unverwechelba-ı Art sind die Weibchen auf der Oberseite (Foto rechts ten) viel unauffäliger gefärbt.

F	M	A	M	J	J	A	S	O	N	D

Übersicht Augenfalter

Seite 68

Seite 69

Seite 70

Seite 71

Seite 72

Seite 73

Seite 74

Seite 75

Seite 76

Seite 77

Seite 78

Seite 79

Seite 80

Seite 81

Seite 82

Seite 83

Schachbrett (Melanargia galathea)

Das Schachbrett lebt bevorzugt auf warmen und trockenen Wiesen, Böschungen und Brachwiesenrändern. Der Falter ist oft beim Blütenbesuch zu beobachten. Das Schachbrett ist unverwechselbar. Die Weibchen haben eine braune Hinterflügelunterseite.

M

J	F	M	A	M	J	J	A	S	O	N	D
					■	■	■				

Blaukernauge (Minois dryas)

Am Foto links unten sind zwei Männchen zu sehen.

Die zwei großen Augenflecken bei den Weibchen, Fotos links und unten, es sind selten beide zu sehen.

r große Falter nutzt verschiedene Lebenräume in
aldnähe. Vor allem wenig oder spät bewirtschaftete
iesen, wo die Falter noch oft zu beobachten sind. Die
ännchen sind dünkler und die Augenflecken kleiner.
n Foto links ist der seltene Anblick von **zwei** männ-
hen Faltern beim Sonnen zu sehen.

F	M	A	M	J	J	A	S	O	N	D

Großer Waldportier (Hipparchia fagi)

Die Lebensräume des Großen Waldportiers sind warme, mit Felsen durchsetzte Trockenrasen und lichte Wälder. Der Falter sitzt immer mit geschlossenen Flügeln, oft auf Forstwegen oder Baumstämmen wo er dann gut getarnt ist. Nur bei einer Flugaufnahme der Balz ist die Oberseite zu sehen (der obere Falter ist das Weibchen). Die Binde auf der Hinterflügelunterseite ist cremefarben bis weißlich.

J	F	M	A	M	J	J	A	S	O	N	D

Weißer Waldportier (Brintesia circe)

:r Weiße Waldportier nutzt verschiedene warme
bensräume wie Wiesenflächen, Waldschläge und auf-
lassene Weingärten. Beim Blütenbesuch ist der Falter
ch in benachbarten Gärten zu beobachten. Die Raupe
ɔt auf verschiedenen Gräsern und überwintert. Die
nde auf der Hinterflügelunterseite ist kräftig weiß und
rch die große weiße Binde auf der Flügeloberseite
rkt der Falter im Flug heller als der Große Waldportier.

G

F	M	A	M	J	J	A	S	O	N	D

Weißbindiger Mohrenfalter (Erebia ligea)

Der Weißbindige Mohrenfalter ist ein Bewohner der Voralpen. Dort fliegt er entlang von Waldsäumen, auf Waldlichtungen und Hochstaudenfluren. Auf der Flügeloberseite der Falter ist die orangene Binde und die Größe der Punkte variabel. Der Flügelrand ist weiß gescheckt. Sicher ist der Falter mit der schmalen, nur teilweise vorhandenen, weißen Binde an der Hinterflügelunterseite zu bestimmen.

J	F	M	A	M	J	J	A	S	O	N	D

Gelbgefleckter Mohrenfalter (Erebia manto)

Der Falter am linken und am unteren Foto ist ein Weibchen.

e Lebensräume des Gelbgefleckten Mohrenfalters sind hte Waldränder, Naturrasengesellschaften und Wei- rasen mit reichem Blütenangebot in den Voralpen. eser Mohrenfalter ist in einigen Gebieten noch häufig zutreffen. Die namensgebenden gelben Flecken sind r beim weiblichen Falter zu erkennen. Das bei der arung unten sitzende Männchen ist dünkler und die ecken sind gelb bis orange. Nur mit der Flügeloberseite diese Art nicht zu bestimmen.

M

F	M	A	M	J	J	A	S	O	N	D

Graubindiger Mohrenfalter (Erebia aethiops)

Die Lebensräume des Graubindigen Mohrenfalters sind verbrachte Grasfluren, Waldlichtungen, Wegränder und lichte Wälder in den Voralpen bis in Tallagen. In seinen Fluggebieten kommt der Falter oft in großer Anzahl vor. Die Weibchen, Foto links oben, sind mit Ihrer hellen Flügelunterseite eindeutiger zu bestimmen wie die Männchen, Foto rechts unten. Der Flügelrand, ist im Unterschied zum Weißbindigen Mohrenfalter, nicht weiß gescheckt.

M

J	F	M	A	M	J	J	A	S	O	N	D

Rundaugen-Mohrenfalter (Erebia medusa)

Der Falter am linken und am rechten unteren Foto ist ein Weibchen. Das dritte Foto zeigt ein Männchen.

ːr Rundaugen Mohrenfalter ist der erste Mohrenfalter
Jahr. Als Lebensraum konnte ich verschiedene, mage-
Wiesen in Wald- oder Gebüschnähe beobachten. Der
ter fliegt aber auch, etwas später, in den Bergen bis in
Höhe von ca. 2000 m. Die punktierten Augenreihen
d typisch für diese Art. Zu verwechseln ist er mit dem
teneren Doppelaugen-Mohrenfalter, wo eine Bestim-
ıng nur von Spezialisten möglich ist.

	F	M	A	M	J	J	A	S	O	N	D

Großes Ochsenauge (Maniola jurtina)

Links am Foto ein Weibche
und unten das Foto von
einem Männchen.

Das Große Ochsenauge ist einer der häufigsten Augenfalter. Als Lebensraum werden verschiedene Wiesentypen bis zu Waldlichtungen genutzt. Die Männchen fliegen schon früher als die Weibchen. Die gelben Flecken auf der Vorderflügeloberseite, haben nur die Weibchen. Auch auf der Flügelunterseite sind die Weibchen (bei der Paarung oben) heller gefärbt.

J	F	M	A	M	J	J	A	S	O	N	D

Schornsteinfeger (Aphantopus hyperantus)

ɾr Schornsteinfeger ist weit verbreitet. Lebensräume
ıd Mähwiesen, Wiesenbrachen und blütenreiche
ɛgränder. Er kann auch beim Blütenbesuch in Gärten
ɔbachtet werden. Die bestimmenden Punkte auf der
ɪgelunterseite sind manchmal nur schwach oder teil-
ɛise vorhanden. Auch die Punkte auf der Flügelobersei-
varieren von fehlend bis kräftig.

F	M	A	M	J	J	A	S	O	N	D

Weißbindiges Wiesenvögelchen (Coe.arcania)

Die Lebensräume des Weißbindigen Wiesenvögelchens sind buschreiche Grasflächen, verbuschte Halbtrockenrasen und Lichtungen in wärmeren Lagen. Dieser kleine Falter ist genau betrachtet wunderschön. Alle Wiesenvögelchen sitzen immer mit geschlossenen Flügeln. Die große weiße Binde auf der Hinterflügelunterseite ist bestimmend für diese Art.

K

J	F	M	A	M	J	J	A	S	O	N	D

Rotbraunes Wiesenvögelchen (Coe. glycerion)

Bei der Paarung, am linken Foto, ist der dünklere Falter das Männchen.

s Rotbraune Wiesenvögelchen konnte ich auf Trocken-
sen, Rasenbrachen und entlang von warmen Wiesen-
schungen beobachten. Im Gegensatz zum Weißbindi-
n Wiesenvögelchen ist bei dieser Art die weiße Binde
f der Hinterflügelunterseite nur angedeutet.
i dem Foto links unten hat eine Krabbenspinne den
lter gefangen, dadurch ist ein bisschen die Flügelober-
ite zu sehen.

F	M	A	M	J	J	A	S	O	N	D

Kleines Wiesenvögelchen (Coe. pamphilus)

Das Kleine Wiesenvögelchen lebt auf unterschiedlichen, extensiv bewirtschafteten Wiesen. Der Falter lebt in bis zu drei Generationen und überwintert als Raupe. Das Kleine Wiesenvögelchen ist einer der häufigsten Wiesenfalter und mit der Unterseite auch sicher bestimmbar.

K

J	F	M	A	M	J	J	A	S	O	N	D

Waldbrettspiel (Pararge aegeria)

s Waldbrettspiel besiedelt verschiedene Waldlebens-ume. Ich konnte den Falter oft auf halbschattigen aldwegen und Lichtungen finden. Durch die Überwin-rung als Puppe ist der Falter schon zeitig im Frühjahr beobachten. Wenn er im Licht- Schattenspiel von aldwegen sitzt, ist der Falter gut getarnt. Meistens egt der Falter auf, bevor ich nah genug für ein Foto rangekommen bin.

F	M	A	M	J	J	A	S	O	N	D

Mauerfuchs (Lasiommata megera)

Links am Foto ein Weibche
und unten das Foto von
einem Männchen.

Der Mauerfuchs ist eine Charakterart sonniger, windgeschützter Standorte, mit offenen Bodenstellen und steinigem Untergrund. Ich konnte den Falter oft zwischen Weingärten auf Wegen und Lesesteinhaufen beobachten. Die Flügeloberseite der Weibchen (Foto ganz oben), ist mehr orange und die schwarzen Punkte größer. Der Mauerfuchs sitzt gerne auf offenen Bodenstellen und ist mit geschlossenen Flügeln gut getarnt.

M

J	F	M	A	M	J	J	A	S	O	N	D

Braunauge (Lasiommata maera)

e Lebensräume des Braunauges sind Waldränder
d magere Wiesen mit steinigem Untergrund aber
ch lichte, teilweise feuchte Wälder. Ich konnte den
lter vom Flachland bis in die Voralpen beobachten.
ı oberen Foto ist ein Weibchen, und rechts unten ein
ännchen abgebildet. In höheren Gebirgslagen kommt
s ähnliche Braunscheckenauge vor, das aber nur von
ezialisten zu bestimmen ist.

F	M	A	M	J	J	A	S	O	N	D

Übersicht Zipfelfalter und Feuerfalter

Seite 86

Seite 87

Seite 88

Seite 89

Seite 90

Seite 91

Seite 92

Seite 92

Seite 93

Seite 93

Seite 94

Seite 95

Seite 95

Seite 96

Seite 96

Seite 97

Grüner Zipfelfalter (Callophrys rubi)

Den Grünen Zipfelfalter konnte ich auf verschiedenen Wiesenflächen zwischen Wald- und Gebüschreihen beobachten. Der durch seine Farbe gut getarnte Falter ist nicht leicht zu entdecken. Er kommt aber fast überall vor, sogar bis in eine Höhe von 2000 m. Bei dieser Art, ist der namensgebende Zipfel am Flügelende, nur angedeutet. Der Falter sitzt immer mit geschlossenen Flügeln.

K

J	F	M	A	M	J	J	A	S	O	N	D

Nierenfleck-Zipfelfalter (Thecla betulae)

Fotos unten:
Links ein Männchen und rechts ein Weibchen mit den namensgebenden orangen Flecken auf der Flügeloberseite.

ːr Nierenfleck-Zipfelfalter besiedelt unterschiedliche, ınnige Lebensräume wie verbuschte Rasenflächen und aldränder. Wichtig ist das Vorhandensein der häusten Raupennahrungspflanzen wie Schlehen, Traunkirsche oder Zwetschke. Der Nierenfleck-Zipfelfalter ːgt relativ spät im Jahr, in nur einer langgezogenen ·neration. Dieser Zipfelfalter ist, selten aber doch, mit öffneten Flügeln zu sehen.

	F	M	A	M	J	J	A	S	O	N	D

Pflaumen-Zipfelfalter (Satyrium pruni)

Der versteckt lebende Pflaumen-Zipfelfalter besiedelt verschiedene Wald- und Gebüschgesellschaften, aber auch Streuobstwiesen. Warme windgeschützte Flächen werden bevorzugt. Die durchgehende orange Binde, mit den schwarzen Punkten, auf der Hinterflügelunterseite, ist bestimmend für diese Art. Der Falter sitzt immer mit geschlossenen Flügeln.

J	F	M	A	M	J	J	A	S	O	N	D

Ulmen-Zipfelfalter (Satyrium w-album)

·r Ulmen-Zipfelfalter ist in seinem Lebensraum stark an s Vorkommen von Ulmenarten, der Raupennahrungs- anze gebunden. Die Falter sind meist in den Baum- ɔnen und selten beim Saugen auf feuchten Wegstellen er beim Blütenbesuch zu beobachten.
s weiße W auf der Hinterflügelunterseite ist das be- mmende Merkmal dieser Art. Auch diese Art sitzt mer mit geschlossenen Flügeln.

F	M	A	M	J	J	A	S	O	N	D

Kreuzdorn-Zipfelfalter (Satyrium spini)

Die Lebensräume des wärmeliebenden Kreuzdorn-Zipfelfalters sind verbuschte Magerrasen, Felshänge und Steinbrüche. Ich konnte den Falter auch auf Gehölzstreifen zwischen Weingärten beobachten.
Die Raupen leben auf dem „Gewöhnlichen Kreuzdorn“.
Die blaue Färbung der Hinterflügelunterseite, unmittelbar neben den Flügelzipfen, ist das bestimmende Merkmal. Der Falter sitzt immer mit geschlossenen Flügeln.

K

J	F	M	A	M	J	J	A	S	O	N	D

Kleiner Schlehen-Zipfelfalter (Satyrium acaciae)

ːr Kleine Schlehen-Zipfelfalter besiedelt windgeschütz-
. warme verbuschte Trockenrasen und Waldränder.
ı konnte den Falter auch auf Weingartenbrachen und
f Gehölzstreifen mit Schlehenbüschen, der einzigen
ıupennahrungspflanze, beobachten. Diese Art hat eine
ıwache orange Zeichnung auf der Hinterflügelunter-
ite als Merkmal. Auch der Kleine Schlehen-Zipfelfalter
zt immer mit geschlossenen Flügeln.

F	M	A	M	J	J	A	S	O	N	D

Kleiner Feuerfalter (Lycaena phlaeas)

Das ist der einzige Feuerfalter, wo Männchen und Weibchen die gleiche Flügelfärbung haben.

Der Kleine Feuerfalter bevorzugt als Lebensraum Wiesen, Ruderalflächen und Wegränder mit Offenbodenstellen. Wie schon der Name sagt, ist diese Art etwas kleiner als die anderen Feuerfalter. Ich konnte den Falter oft beim Blütenbesuch auf blumenreichen Wiesen beobachten, aber auch auf sonnigen Bergwiesen. Diese Art ist nicht zu verwechseln, und vom Frühling bis in den Herbst zu beobachten.

J	F	M	A	M	J	J	A	S	O	N	D

Großer Feuerfalter (Lycaena dispar)

Am linken Foto ist ein männlicher und unten ein weiblicher Falter zu sehen.

r Große Feuerfalter ist in vielen Lebensräumen zu den. Für die Entwicklung braucht er aber warme, tfeuchte Wiesen und Wegränder mit der Raupen-terpflanze (verschiedene Ampferarten). Die beiden schlechter unterscheiden sich nur durch die Flügel-erseite. Die Männchen besetzen gerne, über die Vege-ion ragenden Gräser oder Sträucher, um ein Revier zu erwachen und andere einfliegende Falter zu verjagen.

F	M	A	M	J	J	A	S	O	N	D

Dukaten-Feuerfalter (Lycaena virgaureae)

Foto links, ein männlicher Falter.
Am **Foto unten** ein Weibchen dieser Art, welche vi seltener als die Männchen zu beobachten sind.

Der Lebensraum des Dukaten-Feuerfalters ist immer in Waldnähe. Ich konnte den Falter in Taleinschnitten, entlang von Waldwegen auf kleinsten Wiesen- oder Ruderalflächen und auf Wiesenflächen entlang von Bachtälern beobachten. Nur auf der Flügeloberseite sind die beiden Geschlechter zu unterscheiden. Die Unterseite dieser Art ist unverwechselbar und ein sicheres Bestimmungsmerkmal.

J	F	M	A	M	J	J	A	S	O	N	D

Brauner Feuerfalter (Lycaena tityrus)

e Lebensräume des Braunen Feuerfalters sind extensiv nutzte, blütenreiche Wiesen und Brachen. Auch auf aldwiesen und Lichtungen in den Voralpen konnte ich n Falter beobachten. Bei dieser Art ist die Flügelober-ite der Männchen blaugrau. Auch auf der Flügelunter-ite unterscheiden sich die Geschlechter.
f den **beiden Fotos oben ist ein Männchen** zu sehen. i den Weibchen (Fotos unten) kann die orange Fär-ng auf der Oberseite kräftig, bis unscheinbar sein.

	F	M	A	M	J	J	A	S	O	N	D

Lilagold-Feuerfalter (Lycaena hippothoe)

Der Lilagold-Feuerfalter besiedelt magere, blütenreiche Wiesen im luftfeuchtem Bereich wo die Raupennahrungspflanze der Wiesenampfer vorkommt.Ich konnte den Falter aber auch regelmäßig auf alpinen Rasenflächen beobachten. Die männlichen Falter haben auf der orangen Flügeloberseite eine sehr variable blaue Färbung. Die Flügelunterseite beider Geschlechter unterscheidet sich kaum. Auf den **oberen zwei Fotos ist ein Männchen** und darunter ein Weibchen abgebildet.

J	F	M	A	M	J	J	A	S	O	N	D

Violetter Feuerfalter (Lycaena alciphron)

·r Violette Feuerfalter ist nur mehr in wenigen Gebie-
ι zu finden. Er lebt auf mageren Wiesenflächen ent-
ıg von Bachtälern. Die männlichen Falter überwachen
ı einer Sitzwarte aus ein Revier, aus dem sie andere
ıfliegenden Falter vertreiben und auf einen weiblichen
lter warten. Die Geschlechter unterscheiden sich auf
r Flügelober- und Unterseite. Auf den **oberen zwei**
tos ist ein Männchen und darunter ein Weibchen ab-
bildet.

F	M	A	M	J	J	A	S	O	N	D

Übersicht Bläulinge Unterseite

Seite 110

Seite 111

Seite 112

Seite 113

Seite 114

Seite 115

Seite 116

Seite 117

Übersicht Bläulinge Oberseite Männchen

Seite 102

Seite 103

Seite 104

Seite 105

Seite 106

Seite 107

Seite 108

Seite 109

Seite 110

Seite 111

Seite 112

Seite 113

Seite 114

Seite 115

Seite 116

Seite 117

Zwerg-Bläuling (Cupido minimus)

Die Flügeloberseite der beiden Geschlechter unter scheidet sich kaum. Das Männchen, am Foto unter ist manchmal leicht blau b stäubt. Links ein Weibcher

Die Lebensräume des Zwerg-Bläulings sind kurzrasige, magere Wiesen und Böschungen mit lückiger Vegetation. Ich konnte den Falter meist entlang von unbefestigten Wegen, aber auch im Gebirge bis 2000 m beobachten. Die Raupe lebt hauptsächlich auf Wundklee. Wie schon der Name sagt ist auch die Größe dieses sehr kleinen Falters ein Erkennungsmerkmal. Die Flügelunterseite ist bei beiden Geschlechtern gleich, und das wichtigste Bestimmungsmerkmal.

K

J	F	M	A	M	J	J	A	S	O	N	D

Kurzschwänziger Bläuling (Cupido argiades)

·n Kurzschwänzigen Bläuling konnte ich auf verschie-
nen Wiesenflächen beobachten. Der Falter entwickelt
h auch auf Waldrändern und in naturnahen Gärten.
: Flügeloberseite der **Männchen (Fotos oben)** ist im-
er hellblau gefärbt. Die Weibchen haben meistens eine
äunliche Flügeloberseite (rechts unten), sind aber auch
u bestäubt bis ganz blau (links unten).
: Flügelunterseite mit den orangen Punkten ist ein
heres Bestimmungsmerkmal.

K

F	M	A	M	J	J	A	S	O	N	D

Faulbaum-Bläuling (Celastrina argiolus)

Die Flügeloberseite ist selten zu sehen.
Links ein Männchen und unten ein Weibchen.

Die Lebensräume des Faulbaum-Bläulings sind Waldränder, Bachtäler aber auch Gärten und Grünanlagen. Die Falter schlüpfen schon zeitig im Frühjahr und sind, für Bläulinge untypisch, meistens beim Flug entlang von Sträuchern und Bäumen zu beobachten. Die Männchen sitzen auch gerne auf feuchten Wegstellen. Das wichtigste Bestimmungsmerkmal ist die sehr helle Flügelunterseite mit den kleinen schwarzen Punkten.

J	F	M	A	M	J	J	A	S	O	N	D

Fetthennen-Bläuling (Scolitantides orion)

Links ein Weibchen und am Foto unten ein sehr hell gefärbtes Männchen.

·r Fetthennen-Bläuling ist auch schon im Frühjahr zu obachten. Die Lebensräume dieser Wärme liebenden t sind vegetationsarme Böschungen, meist mit steini-m Untergrund. Ich konnte die Art am häufigsten in der ngebung von Weingärten beobachten. Die Flügelunter-te ist unverwechselbar. Die Färbung der Flügelober-te ist bei den Weibchen meistens dünkler als bei den innchen.

F	M	A	M	J	J	A	S	O	N	D

Alexis-Bläuling (Glaucopsyche alexis)

Links ein Männchen mit d
blauen Flügeloberseite un
dem schwarzen Rand.
Die Weibchen (Foto unten
sind auf der Flügeloberseit
braun und manchmal auc
blau bestäubt.

Die Lebensräume des Alexis-Bläuling sind offene Wiesenflächen, Waldlichtungen und Wegränder mit einem gutem Blütenangebot. Auch auf brachliegenden Weinbauflächen konnte ich diese Art beobachten. Die Falter sind meistens nur einzeln zu beobachten und nutzen ein großes Fluggebiet. Bestimmend ist die wunderschöne Flügelunterseite mit den großen Punkten, die bei beiden Geschlechtern gleich ist.

J	F	M	A	M	J	J	A	S	O	N	D

Schwarzfleckiger Ameisen-Bläuling (Maculinea arion)

Links ein Männchen mit der helleren Flügeloberseite. Die Weibchen (Foto unten) sind mehr abgedunkelt, in höheren Lagen sogar sehr dunkel. Die Flügelunterseite ist für die Bestimmung wichtig und bei beiden Geschlechtern gleich.

·r Schwarzfleckige Ameisen-Bläuling ist nur im Alpen-
ɹm auf kurzrasigen (beweideten), meist felsdurchsetz-
ı, Magerwiesen zu beobachten. In diesem Lebensraum
nn diese Art nur mit dem dort selten vorkommenden
euzenzian-Ameisen-Bläuling verwechsel werden.
i alle Ameisen-Bläulingen leben die Raupen nach der
tten Häutung in einem Ameisenbau einer speziellen
rtsameise und entwickeln sich dort bis zum Falter!

K

	F	M	A	M	J	J	A	S	O	N	D

Argus-Bläuling (Plebejus argus)

Den Argus-Bläuling konnte ich auf natürlichen Wiesenflächen und auf Weinbaubrachen beobachten. Auch entlang von Bachdämmen fliegt diese Art. Meistens sind viele Falter in einem Lebensraum zu beobachten. Bei diesem sehr kleinen Bläuling haben die Männchen eine blaue Flügeloberseite mit einem breiten dunklen Rand. Die **Weibchen** haben eine braune Flügeloberseite und auch die Flügelunterseite ist bräunlich (**Fotos unten**). Für die Bestimmung ist Flügelober- und Unterseite wichitg.

J	F	M	A	M	J	J	A	S	O	N	D

Kronwicken-Bläuling (Plebejus argyrognomon)

ɪr Kronwicken-Bläuling ist auf wärmebegünstigten iesenflächen, verbuschten Trockenrasen und entlang n Wegen zu beobachten. Wie die vorige Art hat der ɔnwicken-Bläuling, auf der Flügelunterseite, bläulich ıimmernde Punkte im orangen Band. Die Flügelober-ıte der **Weibchen** ist braun mit angedeuteten orangen ndmonden (**Fotos unten**). Die Grundfarbe der be-mmenden Flügelunterseite ist bei den Geschlechtern terschiedlich.

F	M	A	M	J	J	A	S	O	N	D
			■	■	■	■	■			

Kleiner Sonnenröschen-Bläuling (Aricia agestis)

Die Lebensräume des Kleinen Sonnenröschen-Bläulings sind magere, kurzrasige und blütenreiche Wiesenflächen. Ich konnte den Falter auch auf naturnahen Wegrändern und Böschungen beobachten. Die Raupen leben auf Sonnenröschen und Storchenschnabelarten. Bei diesem Bläuling haben Männchen (Fotos oben) und **Weibchen (Fotos unten)** eine braune Flügeloberseite. Die orangen Flecken sind ausgeprägter als bei den anderen Arten. Für die Bestimmung ist Flügelober- und Unterseite wichitig.

J	F	M	A	M	J	J	A	S	O	N	D

Rotklee-Bläuling (Polyommatus semiargus)

e Lebensräume des Rotklee-Bläulings sind meist natur-
he Wiesen und Säume in Waldnähe. Häufig konnte
den Falter auf Wiesenflächen in den Voralpen be-
achten. Die prächtig violettblaue Flügeloberseite der
ännchen ist auffälig. Die einfärbig bränlich bis graue
igelunterseite mit der schwarzen Punktreihe ist be-
mmend. Die **Weibchen** haben eine braune Flügelober-
te (**Fotos unten**).

F	M	A	M	J	J	A	S	O	N	D

Vogelwicken-Bläuling (Polyommatus amandus)

Der Vogelwicken-Bläuling besiedelt Wiesen in verschiedenen Lebensräumen. Extensiv genutzte Flächen wie Wegränder oder anschließende Ruderalflächen werden bevorzugt. Die Falter dieser Art gehören zu den großen Bläulingen. Auf der blaue Flügeloberseite der Männchen sind die Adern am Rand dunkler gezeichnet. Die Flügelunterseite mit der schwach ausgebildeten orangen Punktreihe ist ein Bestimmungsmerkmal. Das **Weibchen** (**Fotos unten**) hat eine braune Flügeloberseite.

K

J	F	M	A	M	J	J	A	S	O	N	D

Esparsetten-Bläuling (Polyommatus thersites)

e Lebensräume des Esparsetten-Bläulings sind blütenrei-
e Trocken- und Halbtrockenrasen. **Das Vorkommen der
upenfutterpflanze, Esparsetten-Arten, im Fluggebiet ist
chtig. Auch die Falter sitzen meistens auf dieser Pflan-
, das ist ein erster Hinweis auf diese Art.** Die sichere
terscheidung vom Hauhechel-Bläuling ist schwierig.
ch wenn ein Bestimmungsmerkmal, der fehlende Punkt
eil) auf der Vorderflügelunterseite, zu erkennen ist. Die
igeloberseite der **Weibchen** (**Foto links unten**) ist braun.

K

F	M	A	M	J	J	A	S	O	N	D

Silbergrüner Bläuling (Polyommatus coridon)

Der Silbergrüne Bläuling ist typisch für blütenreiche, trockene Lebensräume mit einem hohen Anteil an Offenboden. Ich konnte die Art auf Wiesenflächen zwischen Weinbaugebieten aber auch in den Bergen beobachten. Dieser **große Bläuling fliegt erst recht spät im Jahr.** Die blaugraue Oberseite der Männchen ist unverwechselbar. Die Zeichnung der Flügelunterseite variiert, mal heller mal dunkler. Die **Weibchen** haben eine braune Flügeloberseite (**unten links**).

J	F	M	A	M	J	J	A	S	O	N	D

Himmelblauer Bläuling (Polyommatus bellargus)

e Lebensräume dieser wärmeliebenden Art sind ma-re Wiesen und Böschungen mit lückigem Bewuchs. konnte die Falter auf Wiesen und Wegrändern neben einbaugebieten beobachten. Die strahlend blauen ännchen mit dem gescheckten Saum (Bestimmungs-erkmal) sind meistens schon mit Flügeloberseite zu stimmen. Die Farbe der **Weibchen** variiert, auf der igeloberseite, von braun bis stark blau bestäubt (**beide tos unten**).

K

F	M	A	M	J	J	A	S	O	N	D

Zahnflügel-Bläuling (Polyommatus daphnis)

Die Lebensräume des Zahnflügel-Bläulings sind wärmebegünstige Wiesenflächen und verbuschte Trockenrasen. Ich konnte den Falter in Randbereichen von Weinbaugebieten und entlang von Bächen in aufgeschotterten Bachrandwiesen beobachten. Bei dieser schönen Art ist die Flügelunterseite der Männchen sehr hell. Die Falter sind groß und die **Weibchen** (**Fotos unten**) mit den gezackten Flügeln nicht zu verwechseln.

J	F	M	A	M	J	J	A	S	O	N	D

Hauhechel-Bläuling (Polyommatus icarus)

r Hauhechel-Bläuling ist nicht sehr anspruchsvoll und siedelt eine Vielzahl an unterschiedlichen Lebens- ımen. Beide Geschlechter haben **keinen gescheckten um**. Die Flügeloberseite der Männchen ist blau. Die terseite dieser häufigen Art ist am ehesten mit dem ›arsetten-Bläuling oder dem Kleinen Sonnenrös- en-Bläuling zu verwecheln. Die Flügeloberseite der **eibchen** (**Foto unten links und rechts oben**) ist braun, ınchmal auch blau überstäubt.

	F	M	A	M	J	J	A	S	O	N	D

K

Übersicht sonstige häufige Arten

Seite 120

Seite 121

Seite 122

Seite 123

Seite 124

Seite 125

Seite 126

Seite 127

Seite 128

Seite 129

Seite 130

Seite 131

Seite 132

Seite 133

Seite 134

Seite 135

120 Schlüsselblumen-Würfelfalter (Hamearis lucina)

Das ist der einzige Vertreter der **Familie der Würfelfalter** in Österreich.
Der Schlüsselblumen-Würfelfalter lebt in magerem, sonnigem, von Hecken und Büschen begleitetem Grünland. Die Raupen entwickeln sich hauptsächlich auf verschiedenen Primelgewächsen. Der Falter lebt sehr unauffällig und ist durch seine geringe Größe nicht leicht zu entdecken.

J	F	M	A	M	J	J	A	S	O	N	D

Kronwicken-Dickkopffalter (Erynnis tages)

ese, und die nächsten 6 Arten, gehören auch zu den gfaltern. Zu der **Familie der Dickkopffalter.** en Kronwicken-Dickkopffalter konnte ich auf Mager-iesen und Rasenflächen, die nicht zu intensiv genutzt erden, beobachten. Auch besonnte Waldränder und aldwege gehören zu seinem Lebensraum. Die Falter nd fast immer mit offenen Flügeln zu sehen. Am besten bestimmen ist diese Art durch die Färbung und Zeich-ng der Flügeloberseite.

K

	F	M	A	M	J	J	A	S	O	N	D

Schwarzkolbiger Braun-Dickkopffalter (T.lineola)

Der Schwarzkolbige Braun-Dickkopffalter ist nur durch die schwarze Farbe an der Unterseite der Fühlerspitzen zu bestimmen. Die Falter sind oft auf feuchen Wegstellen beim Aufnehmen von Mineralien zu sehen. Der Lebensraum sind verschiedenste grasige Flächen und Wegböschungen. Bei dem sehr **ähnlichen Braunkolbigen Braun-Dickkopffalter** sind die Fühlerspitzen heller. Dieser Unterschied ist nur mit einem sehr guten Foto zu erkennen. Daher ist nur diese eine Art im Buch.

J	F	M	A	M	J	J	A	S	O	N	D

Komma-Dickkopffalter (Hesperia comma)

Am linken Foto ist der linke Falter das Weibchen und rechts das Männchen. Beim Männchen sind auch die Duftschuppen, auf der Vorderflügeloberseite, zu sehen.

n Komma-Dickkopffalter habe ich auf sehr trockenen, kigen Grasflächen und in den Bergen bis ca. 2000 m obachten können. Mit der Flügelunterseite ist diese t eindeutig zu bestimmen.

F	M	A	M	J	J	A	S	O	N	D

Rostfarbiger-Dickkopffalter (Ochlodes sylvanus)

Links ein Männchen mit den Duftschuppen auf der Vorderflügeloberseite. Foto unten, das etwas dünkler gefärbte Weibche

Die Lebensräume des Rostfarbigen-Dickkopffalters sind Wegränder, Hochstaudenflure und auch Lichtungen, wenn genügend Blütenpflanzen vorhanden sind. Die Falter sitzen (wie auf zwei Fotos) oft mit V-förmigen auf- gestellten Flügeln.

K

J	F	M	A	M	J	J	A	S	O	N	D

Spiegelfleck-Dickkopffalter (Heteropterus morpheus)

esen schönen Falter konnte ich hauptsächlich auf ocken- und Halbtrockenrasen und am Waldrand neben einbaugebieten beobachten. Auch in unserem Garten er regelmäßig bei der Nektaraufnahme zu sehen. Die- Art ist durch Ihr Aussehen nicht zu verwechseln.

	F	M	A	M	J	J	A	S	O	N	D

Malven-Dickkopffalter (Carcharodus alceae)

Oben und unten links ist e
weiblicher Falter.
Rechts unten ein Männchen.

Ich konnte diesen Falter im Garten und am Rand von Weinbaugebieten beobachten. Verschiedene Malvenarten dienen als Raupenfutterpflanzen. Meine Raupenfunde stammen aus natürlichen Gärten, wo die Malven im Herbst nicht komplett zurückgeschnitten werden und die Raupen in einem zusammengesponnenen Blatt überwintern können. Zu erkennen ist diese Art an den kleinen hellen Flecken auf den Vorderflügeln (Pfeil).

J	F	M	A	M	J	J	A	S	O	N	D

Gelbwürfeliger-Dickkopffalter (C.palaemon)

n Gelbwürfeligen-Dickkopfalter konnte ich auf natür-
hen Wiesenflächen und in naturnahen Gärten be-
achten. Vom Aussehen her ist dieser Falter nicht zu
rwechseln. Der rechte Falter bei der Paarung ist das
eibchen.

F	M	A	M	J	J	A	S	O	N	D

Beilfleck-Widderchen (Zygaena loti)

Der weibliche Falter ist heller (Foto links).

Am Foto unten ist ein Männchen abgebildet.

Alle Widderchen gehören zu den Nachtfaltern!
Das Beilfleck-Widderchen habe ich auf vielen warmen und mageren Wiesenflächen beobachtet. Das Bestimmungsmerkmal ist der beilförmige Fleck auf der Flügeloberseite.

J	F	M	A	M	J	J	A	S	O	N	D

Esparsetten-Widderchen (Zygaena carniolica)

ˈs Esparsetten-Widderchen lebt auf trockenen Rasen-
chen. Ich konnte den Falter auf kleinen Flächen und
ockenrasen zwischen Weingärten beobachten. Die
ınderschöne Zeichnung mit den goldumrandeten Fle-
en macht diesen Falter leicht erkennbar. Zu verwech-
n ist diese Art nur mit dem von mir noch nie gesehe-
n Bergkronwicken-Widderchen.

	F	M	A	M	J	J	A	S	O	N	D

Sechsfleck-Widderchen (Zygaena filipendula)

Das Sechsfleck-Widderchen kommt in unterschiedlichen blütenreichen Lebensräumen vor. Das Foto mit der Raupe ist in unserem Garten aufgenommen. Für die Bestimmung sind die 6 roten Flecken auf der Flügeloberseite wichtig. Beim ähnlichen, aber viel seltener vorkommenden Hufeisenklee-Widderchen sind die Flecken kleiner und weiter auseinander.

J	F	M	A	M	J	J	A	S	O	N	D

Thymian-Widderchen (Zygaena purpuralis)

ı konnte das Thymian-Widderchen auf mageren, offe-
n Wiesenflächen und auf Bergwiesen bis ca. 2000 m
obachten. Das reichliche Vorkommen von Thymian-
:en, der einzigen Raupenfutterpflanze, ist am Standort
chtg. Der letzte, der 3 roten Streifen, auf der Flügel-
erseite hat am Ende eine Verbreiterung.
s ähnliche Bibernell-Widderchen besiedelt wärmere
ındorte und ist am Foto vom Thymian-Widderchen
:ht zu unterscheiden.

K

F	M	A	M	J	J	A	S	O	N	D

Weißfleckwidderchen (Amata phegea)

Das **Weißfleckwidderchen ist ein Nachtfalter** und gehört zu der Familie der Bärenspinner. Lebensraum sind trockene Waldränder mit Sträuchern, aber auch entlang von Waldwegen konnte ich den Falter beobachten. Bei dem Paarungsfoto ist rechts, ist der weibliche Falter mit dem stärkeren Körper (in dem die Eiern sind), gut zu erkennen. Ein Raupenfoto ist auf Seite 140.

K

J	F	M	A	M	J	J	A	S	O	N	D

Russischer Bär (Euplagia quadripunctaria)

ʳ **Russische Bär ist ein Nachtfalter** und gehört zu der
milie der Bärenspinner. Dieser Falter lebt in und am
nd von lichten Wäldern und Waldwegen mit reich-
hem Nahrungsangebot. Besonders oft konnte ich die
lter, auch in großer Zahl, beim Saugen auf Wasserdost
oto rechts unten) beobachten. Die Zeichnung der
nklen Deckflügel ist für die Bestimmung wichtig.

M

F	M	A	M	J	J	A	S	O	N	D

Trauerspinner (Pentophera morio)

Dieser schöne kleine Nachtfalter lebt auf mageren Wiesenflächen und Böschungen. Im Frühjahr sind die männlichen Falter bei Ihrem unruhigen Flug über die Wiesen oft recht zahlreich zu sehen. Bei diesem Nachtfalter ist das Weibchen flugunfähig (am Foto rechts bei der Paarung). Das Männchen wird, wie bei vielen Nachtfaltern mit Duftstoffen angelockt. Fotos von den häufig zu beobachteten Raupen sind auf Seite 140.

J	F	M	A	M	J	J	A	S	O	N	D

Taubenschwänzchen (Macroglossum stellatarum)

ıs Taubenschwänzchen ist ein Wanderfalter der im ühjahr zu uns kommt um sich zu vermehren. In be- nstigten Lagen konnte ich die ersten eingewanderten lter schon im April beobachten. Die Raupen leben auf ntem Labkraut. Das Taubenschwänzchen ist ein starker eger der auch auf höheren Bergwiesen zu sehen ist. e alle Nachtfalter der Familie der Schwärmer, wird der ktar im Flug, mit einem langem Rüssel aufgenommen.

F	M	A	M	J	J	A	S	O	N	D

Raupen

Die meisten Raupenfunde sind von Nachtfaltern. Das ist allein schon durch die viel größere Zahl der Arten (ca. 3800) bedingt. Die viel geringere Anzahl der Tagfalterraupen leben fast immer versteckt oder gut getarnt um Fressfeinden oder Parasiten zu entkommen. Ein Teil der Tagfalterraupen (der meisten Augenfalter) leben auf Gräsern. Um nicht gefressen zu werden, verstecken sich diese Raupen am Tag und kommen erst in der Nacht zum Fressen hervor. Weiters sind z.B. alle Bläulingsraupen sehr klein. Je nach Entwicklungsstadium sind die Raupen 1-10 mm lang! Daher sind nur wenige Arten der Tagfalterraupen zu finden. Die wichtigsten und auffälligsten möchte ich nachfolgend vorstellen.

Fotos 1,2,3 Tagpfauenauge

Die Tagfalterraupen fressen fast ausschließlich auf der Brennnessel. Die Eiablage erfolgt in einem großen Gelege auf der Unterseite eines Brennnesselblattes. In den ersten Stadien leben die Raupen in einem Gespinst auf der Pflanze. Diese Gespinste sind auch, nachdem die Raupen sie verlassen haben, noch gut zu erkennen. Nach der letzten Häutung verteilen sich die Raupen dann. Zu erkennen sind die Raupen durch die schwarzen Dornen und die kleinen weißen Punkte.

Fotos 4,5,6 Kleiner Fuchs

Diese Raupen fressen nur auf der Brennnessel. Auch Sie leben am Anfang der Entwicklung im einem Gespinst und bleiben bis zur Verpuppung zusammen. Ich habe immer wieder Raupen verschiedener Stadien, zusammen auf einem Blatt gesehen. Die jungen Raupen sind noch überwiegend schwarz und nicht leicht zu bestimmen. Erst mit den gelben Strichen und den hellen Dornen ist die Bestimmung sicher.

Fotos 7,8 Landkärtchen

Auch diese Raupen fressen nur auf der Brennnessel. Die jungen Raupen leben zusammen. Wie am Foto 7 zu erkennen ist, werden die Blattadern beim Fressen der Blätter übergelassen. Für die Bestimmung wichitg. Die Raupen dieser Art sind, wie der Falter, kleiner als die vorher beschriebenen. Zu erkennen sind Sie an den zwei Dornen am Kopf (Pfeil).

Foto 1

Foto 2

Foto 3

Foto 4

Foto 5

Foto 6

Foto 7

Foto 8

Foto 1,2,3 Admiral

Die Raupen vom Admiral leben nur auf der Brennnessel. Die Eiablage erfolgt einzeln auf jungen kleinen Blättern. Die Raupen spinnen sich in ein Blatt ein und fressen auch versteckt. Typisch ist, wie auf Foto 1 zu sehen, dass der Blattstiel angefressen wird, damit das Blatt herunterhängt. Am Foto 2 ist eine junge Raupe, in einer geöffneten Blattrosette, zu sehen. Am Foto 3 ist dann eine ausgewachsen Raupe. Auch zur Verpuppung wird ein Blatt zusammengesponnen und so ist die Puppe gut versteckt.

Foto 4,5,6 Schwalbenschwanz

Die Raupen leben auf der wilden Möhre, aber auch im Gemüsebeet auf Karotten, Fenchel, Dille und weiteren Doldenblütlern. Die Eiablage erfolgt einzeln, aber auch mehrmals auf eine Pflanze. Das Aussehen der Raupen ändert sich mit jeder Häutung, am Foto 4 ist eine Raupe im zweiten Stadium zu sehen. Die Fotos 5+6 zeigen die Färbung in weiteren Stadien.

Foto 7 Kleiner Kohlweißling

Im Gegensatz zum Großen Kohlweißling legt der Kleine Kohlweißling seine Eier einzeln auf die Futterpflanze, verschiedene Kreuzblütler, ab. Die sehr unauffällig lebenden Raupen sind grün, mit einem feinen gelben Längsstrich. Am Foto 7 ist eine ausgewachsene Raupe zu sehen.

Foto 8 Großer Feuerfalter

Die Raupen vom Großen Feuerfalter konnte ich immer auf dem Großen Sauerampfer finden. Meistens wird eine Pflanze, am optimalen Standort, mit mehreren Eiern belegt. Die unauffälligen grünen Raupen leben auf der Blattunterseite und werden oft von Ameisen begleitet.

Foto 1

Foto 2

Foto 3

Foto 4

Foto 5

Foto 6

Foto 7

Foto 8

Foto 1 Weißfleckwidderchen

Diese Raupen haben eine besondere Lebensweise. Sie fressen am liebsten welke Blätter von krautigen Pflanzen aber auch Moose. Die Raupen überwintern, und sind schon im Februar bei der Suche nach einem geeigneten Platz, zu beobachten.

Foto 2,3,4 Trauerspinner

Die Raupen des Trauerspinners sind in Ihrem Lebensraum, magere Wiesenflächen, im April häufig zu sehen. Die Färbung der Raupen ist, wie auf allen 3 Fotos zu sehen, von mehr gelb bis fast schwarz variabel. Die Raupen fressen verschieden Schmetterlingsblütler und Gräser.

Foto 5,6 Schwärmer

Diese Raupen von der Familie der Schwärmer (Nachtfalter) möchte ich deswegen zeigen, weil Sie sehr groß sind (bis zu 10 cm) und im Spätsommer bei der Suche nach einem Verpuppungsplatz des öfteren beobachtet werden. Die Raupen dieser Familie haben immer ein Horn am Körperende. Am Foto 5 ist eine Raupe des Ligusterschwärmers und am Foto 6 eine Raupe des Windenschwärmers zu sehen. Noch mehr Fotos und andere Arten dieser Familie sind auf meiner Homepage unter dem Button “Nachtfalter“ zu finden.

Foto 7,8 Wiener Nachtpfauenauge

Zum Schluss noch zwei Fotos von den Raupen des größten heimischen Schmetterlings, dem Wiener Nachtpfauenauge. Diese Raupen verändern Ihr Aussehen nach jeder Häutung. Am Foto 7 ist eine junge Raupe auf einem Kirschblatt zu sehen. Foto 8 zeigt eine schon sehr große Raupe. Auch diese Raupen sind manchmal bei der Suche nach einer neuen Nahrungsquelle, auf Wiesen und Wegen zu sehen.

Foto 1

Foto 2

Foto 3

Foto 4

Foto 5

Foto 6

Foto 7

Foto 8

Index deutscher Artennamen

Index wissenscha tlicher Artennamen

Der Autor und die Schmetterlinge

Mit viel Geduld und einem Fotoapparat bin ich seit meiner Jugend in der Natur meiner Umgebung unterwegs. Ich war immer neugierig und wollte Dinge selbst erfahren und nicht nur lesen. Mit der Spezialisierung auf die Tagfalter begann ich zuerst möglichst viele Arten zu finden. Doch bald habe ich bemerkt, dass mich gerade die seltenen und gefährdeten Arten am meisten begeistern. Gleichzeitig wollte ich auch alle Stadien (Ei, Raupe, Puppe, Falterschlupf) erleben und beobachten. Im Jahr 2006 begann ich auch Falter zu züchten. Erst nur von Arten, die in unserem Garten leben. Wichtig war mir, dass diese Zuchten unter natürlichen Bedingungen im Freien erfolgten, um die Lebensweise der Raupen zu verstehen. Jetzt züchte ich jedes Jahr über 20 Arten. Über die Jahre, und durch meine Zuchten, habe ich schon viel Erfahrung gesammelt. Die Suche nach Eiern und Raupen, vor allem im Frühjahr, freut mich besonders. In meiner Umgebung (Bezirk Tulln) und in ganz Niederösterreich kenne ich schon viele, noch vorhandene, großartige Lebensräume. Auch in Kärnten war ich (Sommerurlaube) schon viel unterwegs. In den letzten Jahren bin ich vermehrt auch in Tirol, Salzburg und der Steiermark unterwegs, um mein Wissen über die verschiedensten Lebensräume und Arten zu erweitern. Ganz wichtig ist es mir, mich bei meiner Familie, besonders bei meiner Frau Elisabeth, zu bedanken. Meine Leidenschaft bedingt meistens „besondere“ Urlaubsorte und viel Geduld, wenn mir gerade wieder einmal ein Schmetterling wichtiger ist. Auch meine Tochter Katharina möchte ich extra erwähnen. Sie begleitet und unterstützt mich mit ihrem genauen Blick oft bei meinen Bergtouren.

Andreas Pospisil